ハヤカワ文庫NF
〈NF557〉

# ホーキング、ブラックホールを語る

## ＢＢＣリース講義

スティーヴン・Ｗ・ホーキング
佐藤勝彦監修／塩原通緒訳



早川書房
8511

BLACK HOLES

*The BBC Reith Lectures*

by

Stephen Hawking

With an introduction and notes by

BBC News Science Editor David Shukman



Japanese edition supervised by
Katsuhiko Sato
Translated by
Michio Shiobara
First published as 'Black Holes: The Reith Lectures' by
Transworld Publishers
a division of The Random House Group Ltd.
'Do Black Holes Have No Hair?' first broadcast by
BBC Radio 4 on 26 January 2016
and 'Black Holes Ain't As Black As They Are Painted' first broadcast by
BBC Radio 4 on 2 February 2016.
Published 2020 in Japan by
HAYAKAWA PUBLISHING, INC.
This book is published in Japan by
arrangement with
TRANSWORLD PUBLISHERS
a division of THE RANDOM HOUSE GROUP LIMITED
AND THE BBC
through JAPAN UNI AGENCY, INC., TOKYO.



The illustrations were produced by
Cognitive (wearecognitive.com) for BBC Radio 4.

# 目次

# ホーキング、ブラックホールを語る

BBCリース講義

# 序　文

デイヴィッド・シュックマン

スティーヴン・ホーキングという人は、何もかもが磁力の塊《かたまり》である。非凡な才能が病んだ身体に囚われているいたわしさ。うっすらと微笑らしきものが浮かんで晴れやかになる顔は、たった一つしか筋肉が動かない。誰も知らない宇宙の秘境を自在に駆けめぐる頭脳を持ちながら、発見の高揚をいっしょに分かちあおうと私たちを誘う声は、ロボットが出すような独特の人工音だ。

これだけの不利を抱えながらも、この驚くべき人物はものともせずに、科学者の一般的な領分を軽々と乗り越えてきた。著書の『ホーキング、宇宙を語る』は、一〇〇〇万部という驚異的な売り上げを記録した。本人は人気テレビ番組にゲスト出演し、ホワイトハウスにも招待された。半生を描いた伝記映画も作られて広く好評を博した。まさしくこれはセレブリティの扱いだ。彼は文句なしに、世界で最も有名な科学者となったのである。

一九六〇年代、ホーキングは運動ニューロン疾患と診断され、余命二年と宣告された。しかしそれから半世紀以上が経ったのち、彼はいまなお研究を続け、執筆し、旅行し、定期的にニュースに登場している。この尋常ならざる気力はどこから来るのかと思えば、娘のルーシーによると、「ものすごく頑固」な人だから、だそうだ。

その痛ましい身の上にしても、ものごとに心から熱中できる能力にしても、ホーキングのあれこれは、とかく人の想像力をたくましくさせる。彼は最近、人類が自ら生み出した一連の災厄――地球温暖化から人工ウイルスまで――に直面していることについて警告を発したが、その発言を報じた記事は、当日ＢＢＣ（英国放送協会）のウェブサイトで最多アクセスを集めた。

そんな卓越した発信者が、普通に会話できないというのは、ひどい皮肉だ。彼に話を聞くときは、事前に質問を出しておかなくてはならない。私も数年前にインタビューの機会を得たが、その場での雑談は控えてほしいと彼のスタッフから注意を受けた。どんなに短い質問に対する答えであっても、その一文を組み立てるのに非常に長い時間がかかるからだそうだ。ところが、彼に会えたことに興奮した私は、ついうっかり、「ごきげんいかがですか」と言ってしまった。そして、元気ですよ、という返事を聞くまでに申し訳ないほど待たなくてはならなかった。

ケンブリッジ大学にある彼の研究室の黒板は、方程式で埋め尽くされている。きわめて高度な数学を使わないと解けないのが、現代の宇宙論だ。しかし、スティーヴン・ホーキングが科学研究に果たしている独特の貢献は、外面的にまったく異なる専門分野のアプローチを利用するところだ。たとえば最もよく知られている例で言えば、非常に広大な宇宙空間を研究するにあたって、原子内の非常に小さい粒子を研究するために考案された科学的技法を初めて使ったのが、ほかならぬホーキングだった。

こうしたおそろしく複雑な分野の研究者にしてみれば、自分たちの仕事を一般の人にもわかるように説明するのは不可能だと思ったとしても無理はない。しかし、幅広い客層になんとか届かせようと努めるのが、ホーキングのホーキングたるゆえんだ。本年（二〇一六年）の

ＢＢＣリース講義において、彼は自身にとって生涯のテーマであるブラックホールについての洞察を、二回の一五分の講演に要約するという難題に挑んでくれた。なお本書では、興味はあるけれどもついていけないという人や、ブラックホールのことは知りたいけれども科学には自信がないという人のために、ところどころで私が編者として注釈を加えている。

（訳注：リース講義とは。
ＢＢＣ初代会長ジョン・リース卿が公共放送に果たした歴史的貢献を記念して、

序文

一九四八年にBBCで始まったラジオ講義。年に一回、各分野の一流の人物を講師に招いて行なわれる。目的は、一般大衆の理解を深めること、および、その時代の重要な問題を議論すること。〔公式サイトより。http://www.bbc.co.uk/programmes/b00729d9〕この講演の二年後、二〇一八年三月にスティーヴン・ホーキングは亡くなった〕

# 1

# ブラックホールには毛がないのか

# 1 ブラックホールには毛がないのか

事実は小説よりも奇なり、と言いますが、ブラックホールほどこの言葉が当てはまるものもありません。ブラックホールは、SF作家でもここまでは思いつけないだろうというぐらい奇妙なものですが、それでも確固たる科学的事実です。科学界は、巨大な星が自らの重力で内側につぶれるなんてことをなかなか認められず、そのような状態になった天体がどういうふるまいをするかも考えようとはしませんでした。あのアルベルト・アインシュタインでさえ、一九三九年の論文で、星が重力で崩壊するなんてありえない、いくら物質が圧縮されるといっても限界があり、ある一定の点を超えてまで縮むはずはないからだ、と書いていたぐらいです。多くの科学者も、アインシュタインと同じように直感的にそう考えていました。しかし、そうは思わなかった人の代表が、アメリカ人科学者のジョン・ホイーラーです。彼は多くの面で、このブラックホール物語のヒーローです。一九五〇年代から六〇年代にかけて行なった研究のなかで、ホイーラーは多くの星が実際に崩壊することを強調し、その可能性が理論物理学に突きつける問題を指摘しました。そして、そのような崩壊した星のなれの果て、それがすなわちブラックホールですが、この天体の多くの特性についても予見しました。

編者注（以下、注とする）：「ブラックホール」という語句はいたって単純だが、宇宙空間にそんなものがあるのを想像するのはなかなか難しい。たとえて言うなら、水が渦を巻いて流れ込んでゆく巨大な排水管が宇宙に存在しているようなものだ。その排水口の縁《ふち》を乗り越えたが最後――この縁を「事象の地平面」というのだが――どんなものも二度と戻ってこられない。ブラックホールはじつに強力で、光でさえも吸い込んでしまうため、われわれがブラックホールを実際に見ることはできない。なのに、なぜそれが存在していることを科学者がわかるかというと、ブラックホールに近づきすぎた星がその重力によって引き裂かれるため、そして、ブラックホールの震動が宇宙空間に伝わる場合があると考えられるためだ。先般、「重力波」の検出というたいへんな科学的偉業がなされたが、この重力波を発生させたのが、一〇億年以上前に起こった二つのブラックホールの衝突だった。

普通の星は、何十億年以上にも及ぶ生涯のほとんどのあいだ、自らの重力に押しつぶされることのないように、熱圧力によって存在を維持します。この熱圧力は、水素をヘリウムに変える核過程によって発生します。

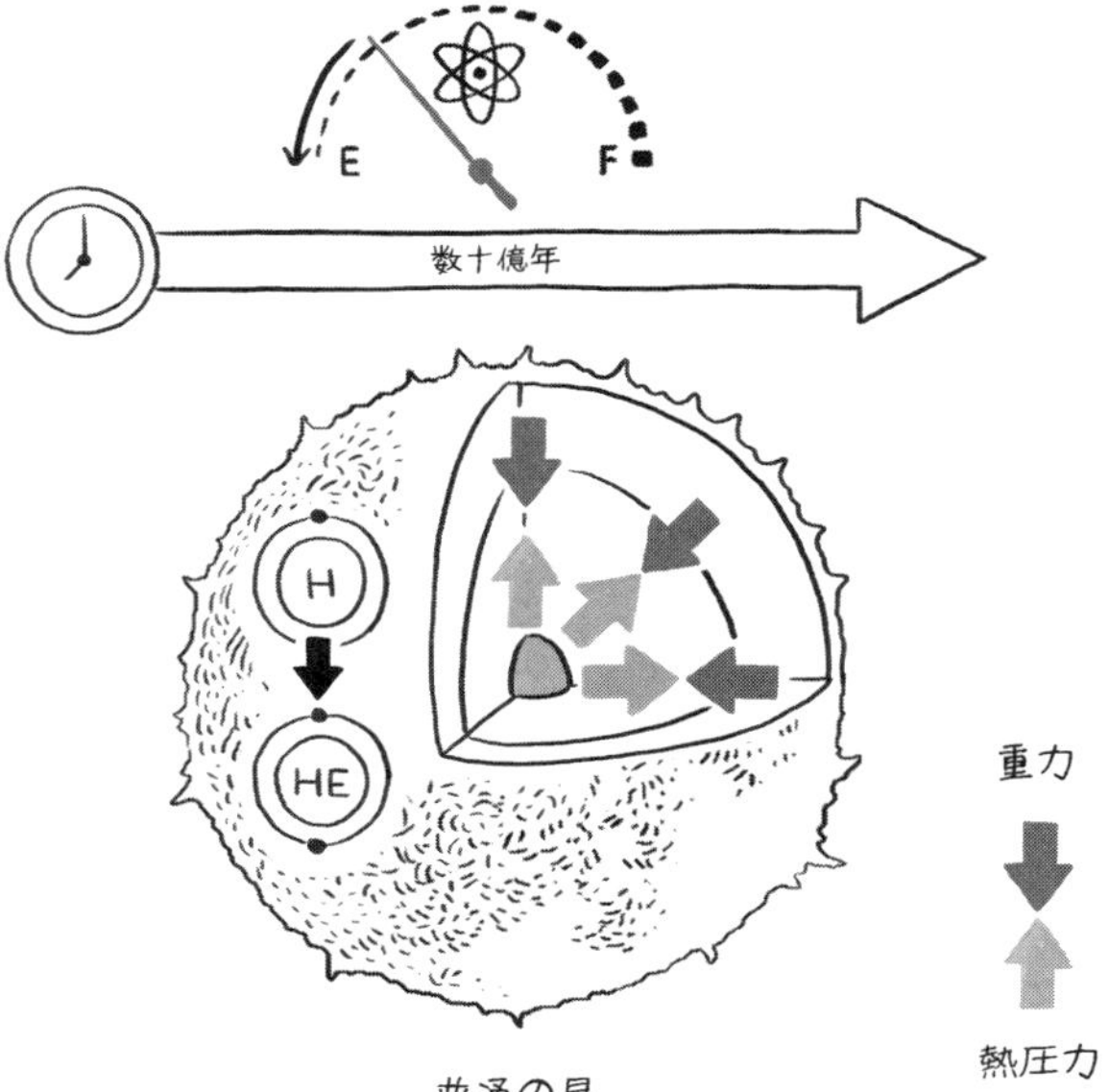


普通の星

注：NASA（アメリカ航空宇宙局）は星（恒星）のことを圧力鍋のようなものと表現している。星の内部で起こる核融合の爆発的な力によって外側に向かう圧力が生じるが、その圧力を抑え込むようにして、逆にあらゆるものを内側に引き寄せる重力が働いている。

しかしながら、星も最後には、自分の持っている核燃料を使い果たします。そうなると、星は収縮に転じます。場合によっては、その後に「白色矮星《わいせい》」となって生き残ることもできます。しかしスブラマニアン・チャンドラセカールが一九三〇年に示したとおり、白色矮星の質量の上限は、太陽質量の約一・四倍です。すべてが中性子でできている星についても、同じような質量上限があることをソ連の物理学者レフ・ランダウが計算で導き出しています。

注：白色矮星も中性子星も、もともとは恒星であり、したがって自らの持つ燃料を燃焼させていた。これらを膨張に向かわせる力が働かなくなれば、必然的に自らの重力によって収縮するしかなくなるので、結果として、これらの星は宇宙で最も密度の高い天体のひとつとなる。しかし全天の星と比べてみると、そもそもこれらの星はかなり小ぶりで、言い換えれば、完全に崩壊するほどの重力の強さを持っていない。そのためスティーヴン・ホーキングなどからすると、興味の対

象はもっと大きな星にあり、最大級の質量の星が最晩年に達したときにどうなるか、ということが重要となる。

では、白色矮星や中性子星よりも質量の大きな無数の星が、自らの持つ核燃料をいよいよ使い果たしたとき、それらの星はどのような運命をたどるのでしょう。この問題を探ったのが、のちに原爆開発で知られるようになるロバート・オッペンハイマーです。彼は一九三九年に、ジョージ・ヴォルコフ、ハートランド・スナイダーとの共著で発表した二つの論文において、そうした質量の大きな星が外向きの圧力によって維持されつづけるのは無理であり、計算から圧力を取り除くと、均一できれいに球《きゅう》対《たい》称《しょう》となっている星は、密度が無限大となる一点にまで収縮することを示しました。この点のことを、特異点といいます。

注：特異点とは、巨大な星がどんどん圧縮されていって行き着く先の、想像もつかないほど小さな一点のことだ。この概念は、スティーヴン・ホーキングのキャリアにおける決定的なテーマである。これは一個の星の終焉《しゅうえん》を指し示すにとどまらず、それよりずっと根本的な、宇宙全体の成り立ちの出発点についてのアイデアにも関係している。ホーキングはこれに関する数学的研究によって世界的に認められることとなった。

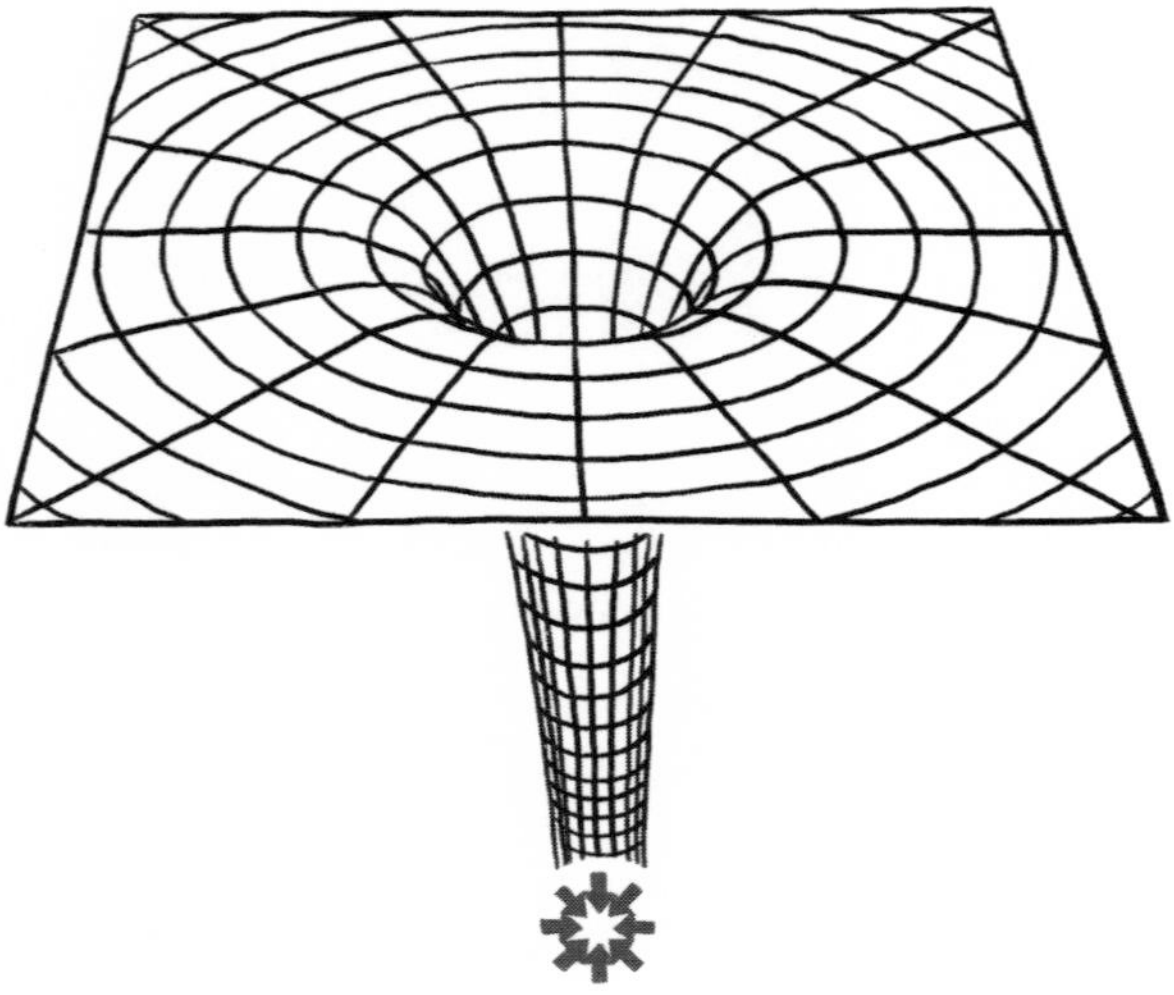

空間についてのあらゆる理論は、時空がなめらかで、ほぼ平坦であるという仮定の上に組み立てられています。したがって、時空の曲率が無限大となる特異点において、なめらかな時空は破綻《はたん》すると考えられます。実際、特異点は時間そのものの終わりを意味します。これをアインシュタインはたいそう不愉快に思っていたものです。

注：アインシュタインの一般相対性理論にしたがえば、物体はそのまわりの時空をゆがめる。トランポリンの上にボウリングの球が置いてあるところを想像してみよう。その球によってトランポリンの面は形状を変えられており、トランポリ

ン上に球より小さな物体があれば、それは球に向かってずるずる滑り落ちていくだろう。重力効果とは、まさにこのように説明される。だが、時空の曲がりがどんどん大きくなり、最終的に無限大にまでなると、もはやそこに時間と空間の通常のルールは適用されなくなる。

ところが、そこで第二次世界大戦が起こります。ロバート・オッペンハイマーを含め、多くの科学者が、研究を核物理学に切り替えるようになり、重力崩壊の問題はほとんど忘れられてしまいました。それでも後年、このテーマへの関心はふたたび高まります。それは、クェーサーと呼ばれる遠くの天体の発見がきっかけでした。

注：クェーサーは宇宙で最も明るい天体であり、おそらくこれまで検出されたなかで、最も遠いところに位置する天体でもある。クェーサー（quasar）という名称は「準恒星状電波源（quasi-stellar radio source)」の略で、その実態は、ブラックホールのまわりをぐるぐる回っている物質でできた円盤と考えられている。

一九六三年に、３Ｃ２７３という天体が初めてクェーサーとして確認されました。以後、ほかにも多くのクェーサーがつぎつぎと発見されます。これらは非常に遠くにあるにもかかわらず、とても明るく輝いていました。このエネルギー出力は、核過程では説明できない。なぜならその場合、天体から純粋なエネルギーとして放出されるのは静止質量のごく一部にすぎないからです。そうなると、ほかに唯一考えられるのは重力エネルギー、すなわち重力崩壊によって放出されるエネルギーだということでした。こうして、星の重力崩壊が再発見されたのです。

均一な球状の星が、密度無限大の一点、すなわち特異点にまで収縮することはすでに明らかでした。特異点では、アインシュタインの方程式は成り立ちません。したがって、この密度無限大の一点では、もはや誰にも未来が予測できないことになります。つきつめれば、星が崩壊したときにはどんな奇妙なことでも起こりうるということです。

とはいえ、もしも特異点が裸の状態でなければ、つまり、特異点が外部から遮蔽《しゃへい》されているなら、予測ができなくなっても私たちには何も影響ありません。

注：「裸の特異点」は理論上のシナリオであり、このシナリオ上では星が崩壊しても、そのまわりに事象の地平面が形成されない。したがって、特異点が観測可能となる。

ジョン・ホイーラーが一九六七年に「ブラックホール」という用語を導入するまで、ブラックホールは「フローズン・スター（凍った星）」

などと、呼ばれていました。ホイーラーによる新しい造語は、崩壊した星の残骸はその形成の如何《いかん》にかかわりなく、それ自体が重要なのであるということを強調していました。この新しい名称はすぐに広まります。なにやらダークでミステリアスなものを想起させたからでしょう。しかしフランス人は、なにしろフランス人だけに、これにもっといかがわしい意味を感じ取りました。彼らは何年ものあいだ、「黒い穴《トルウ・ノワール》」という名称は卑猥だといって、これに抵抗したものです。とはいえ、それは「ル・ウィーケンド（週末）」のような、フランス語にすっかり入り込んだ英語をいつまでも認めまいとするようなものでした。結局、彼らは折れました。これほど世の支持を得てしまった名

# 1 ブラックホールには毛がないのか

称に、誰が抵抗できるでしょう？

このブラックホールの内側に何があるかを、外側から知ることはできません。テレビでもダイヤの指輪でも、いちばん憎たらしい敵でも、なんでもブラックホールのなかに投げ込むことはできます。ところがブラックホールが記憶するのは、総質量と、回転状態と、電荷だけです。この原理を、ジョン・ホイーラーが「ブラックホールには毛がない」と表現したのは有名な話ですが、フランス人からすれば、ほらやっぱり、というところでしょう。

ブラックホールには、事象の地平面という境界があります。ここより内側では重力が強すぎて、光でさえも引き戻され、脱出できないようになっています。光より速く移動できるものは何もないので、ほかのあらゆるものも、同じように引き戻されます。事象の地平面の先への落下は、カヌーでナイアガラの滝に向かうようなものかもしれません。滝の上にいるかぎり、十分な速さでカヌーを漕いでいれば落ちることはありませんが、ひとたび縁からはみ出してしまえば、あなたは行方不明となります。そして二度と戻ってこられません。滝に近づけば近づくほど、流れは急になりますから、カヌーは後ろより前のほうが強く流れに引っぱられます。ひょっとするとカヌーは前後に引き裂かれてしまうかもしれません。これと同じことが、ブラックホールにも言えます。もしあなたが足から先にブラックホールに落ちていけば、

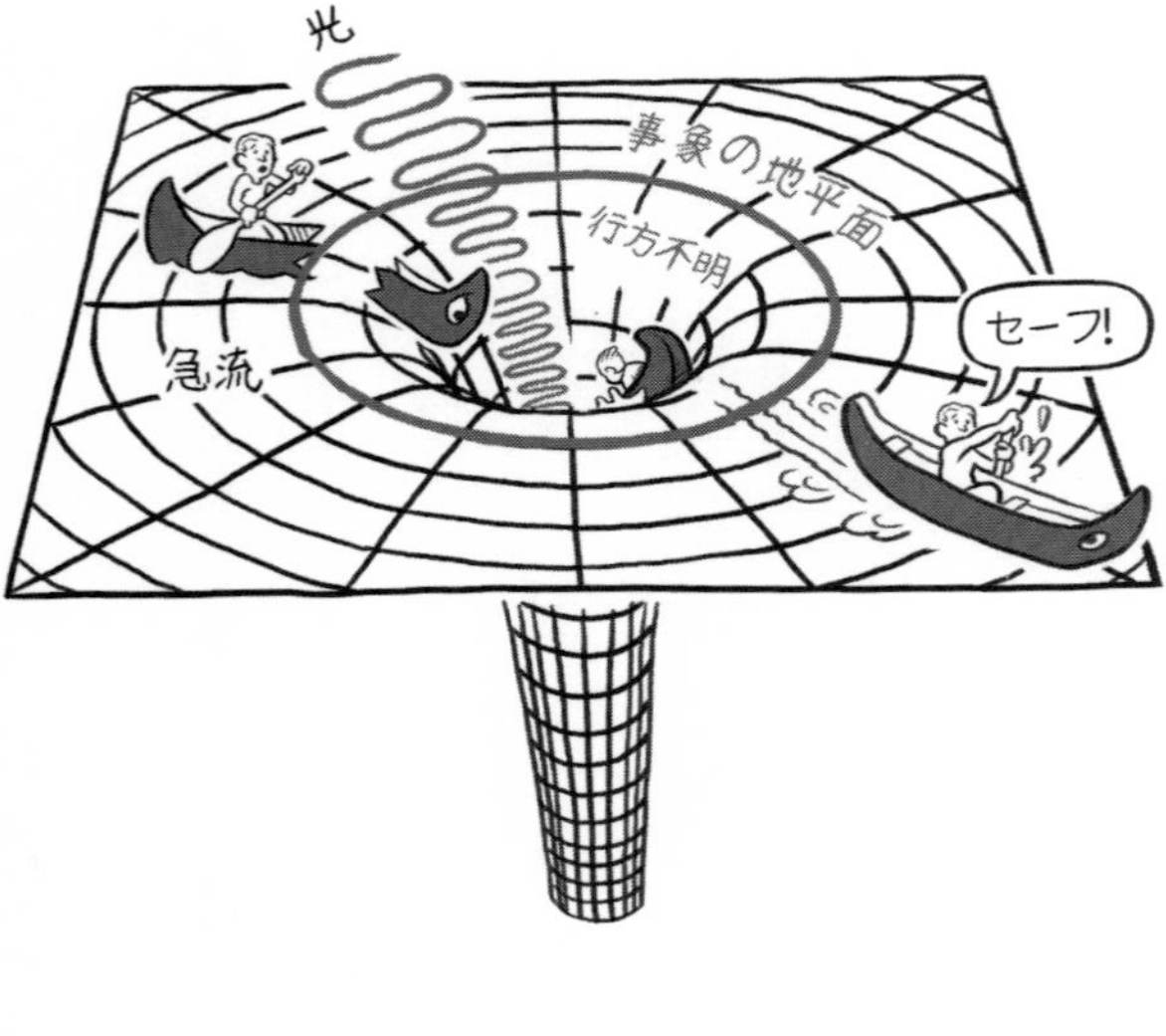
光
事象の地平面
行方不明
急流
セーフ!

重力はあなたの頭よりも、足を強く引っぱることになります。足のほうがブラックホールに近いからです。その結果、あなたの身体は縦に引き伸ばされ、横に押しつぶされていくことでしょう。そのブラックホールの質量がわれわれの太陽の質量より何倍か大きければ、あなたの身体は事象の地平面に到達する前に引き裂かれ、スパゲッティのようになってしまうでしょう。しかし、もしそれよりずっと大きな、太陽の一〇〇万倍も質量があるようなブラックホールに落ちていくなら、あなたは難なく事象の地平面に到達できます。ですから、もしブラックホールの内部を探索したいなら、ぜひとも大きなブラックホールを選びましょう。この天の川銀河の中心部には、太陽の約四〇〇万倍の質量を持ったブラックホールが存在しています。

注：科学者は現在、ほぼすべての銀河の中心部に巨大なブラックホールが存在するものと考えている。そもそもブラックホールの存在が裏づけられたのもつい最近だったことを思えば、驚くべき着想である。

あなたがブラックホールに落ちていくとき、あなた自身はとくに異変を感じることもなく、ただ流れのままに落ちていくでしょう。しかし、そのあなたを遠くから観察している誰かからすると、あなたが事象の地平面を越えるところは決して見られません。むしろ、あなたの進みがしだいに遅くなって、いつまでも地平面のすぐ外でもたもたしているように見えるでしょう。そして、あなたの像が徐々にぼやけ、赤みがかっていったすえに、とうとう視界から実質的に消えていきます。外の世界から見るかぎり、あなたはこれで永遠に行方不明です。

注：ブラックホールから抜け出てこられる光がないため、遠くから見ている観察者には、あなたの転落を実際に目撃することができない。宇宙空間では、あなたの叫び声は誰にも聞こえない。そしてブラックホールに入ってしまえば、あなたの消失は誰にも見えない。

この不可思議な現象に対するわれわれの理解が劇的に進んだのは、一九七〇年のことです。この年に、ある数学的な発見がなされました。それは、ブラックホールを取り囲む境界面である、事象の地平面の表面積に関することです。ブラックホールに新たな物質や放射が落下するたびに、地平面の表面積は大きくなっていくという特性がありました。この特性は、ブラックホール周囲の事象の地平面の表面積と、従来のニュートン物理学、とりわけ熱力学のエントロピーの概念とのあいだに、類似性があることを示しています。エントロピーとは、ある系の無秩序の度合い、と見なすことができます。あるいは別の言い方をすれば、その系の正確な状態を知ることができない、ということです。有名な熱力学の第二法則にしたがえば、エントロピーはつねに時間とともに増大します。さきほど言った一九七〇年の発見は、この重大な関連性に初めて気づかせてくれたものでした。

注：エントロピーとは、秩序を持っているものはすべて時間の経過とともに無秩序になっていくという傾向のことである。たとえば、レンガがきっちり積み重なってできている壁（低エントロピー）も、いつかは乱雑な土砂の堆積（高エントロピー）と化してしまう。このプロセスを記述するのが熱力学の第二法則だ。

エントロピーと事象の地平面の表面積とのあいだに関連があるのは

明らかでしたが、この面積をブラックホールそのもののエントロピーと見なしてしまってよいのかどうかは、よくわかりませんでした。ブラックホールのエントロピーとは、何を意味するのでしょう？　これに関して一九七二年、プリンストン大学の大学院生で、のちにエルサレムのヘブライ大学の教授となるヤコブ・ベッケンシュタインが、決定的な答えを示しました。ブラックホールは重力崩壊によって形成されるときに、急速に定常状態に落ち着きます。その状態は、たった三つのパラメーターによって説明されます。質量と、角運動量《かくうんどうりょう》（回転の状態）と、電荷——これだけです。この三つの特性を除けば、ブラックホールはブラックホールになる以前の、崩壊した天体の詳細をなんら保持していません。

この定理は、情報に関わりを持っています。ここでいう情報とは、宇宙論的な意味での情報であり、この宇宙のあらゆる粒子と、あらゆる力は、イエスかノーかの質問に暗黙の答えを持っているということです。

注：ここでの情報とは、ある天体に関連するあらゆる粒子とあらゆる力についての詳細すべてを意味する。無秩序の度合いが大きいもの——つまりエントロピーが高いもの——ほど、それを記述するのに必要な情報は多くなる。BBCの番組でおなじみの物理学者ジム・アル゠カリーリの言葉を借りれば、よく切られたト

ランプの束《たば》は、そうでない束よりエントロピーが高く、したがってそれを記述するにはより多くの説明、すなわち、より多くの情報が必要となる。

ベッケンシュタインの定理の意味するところは、重力崩壊において大量の情報が失われるということです。たとえばブラックホールの最終的な状態は、もともとの崩壊した天体が物質でできていたのか反物質でできていたのか、あるいはその天体がきれいな球状をしていたのか、ひどくいびつな形状をしていたのかにも関わりありません。言い換えれば、ある任意の質量と角運動量と電荷を持ったブラックホールは、あまたのさまざまな星を含めた、じつに多様な物質の集まりのう

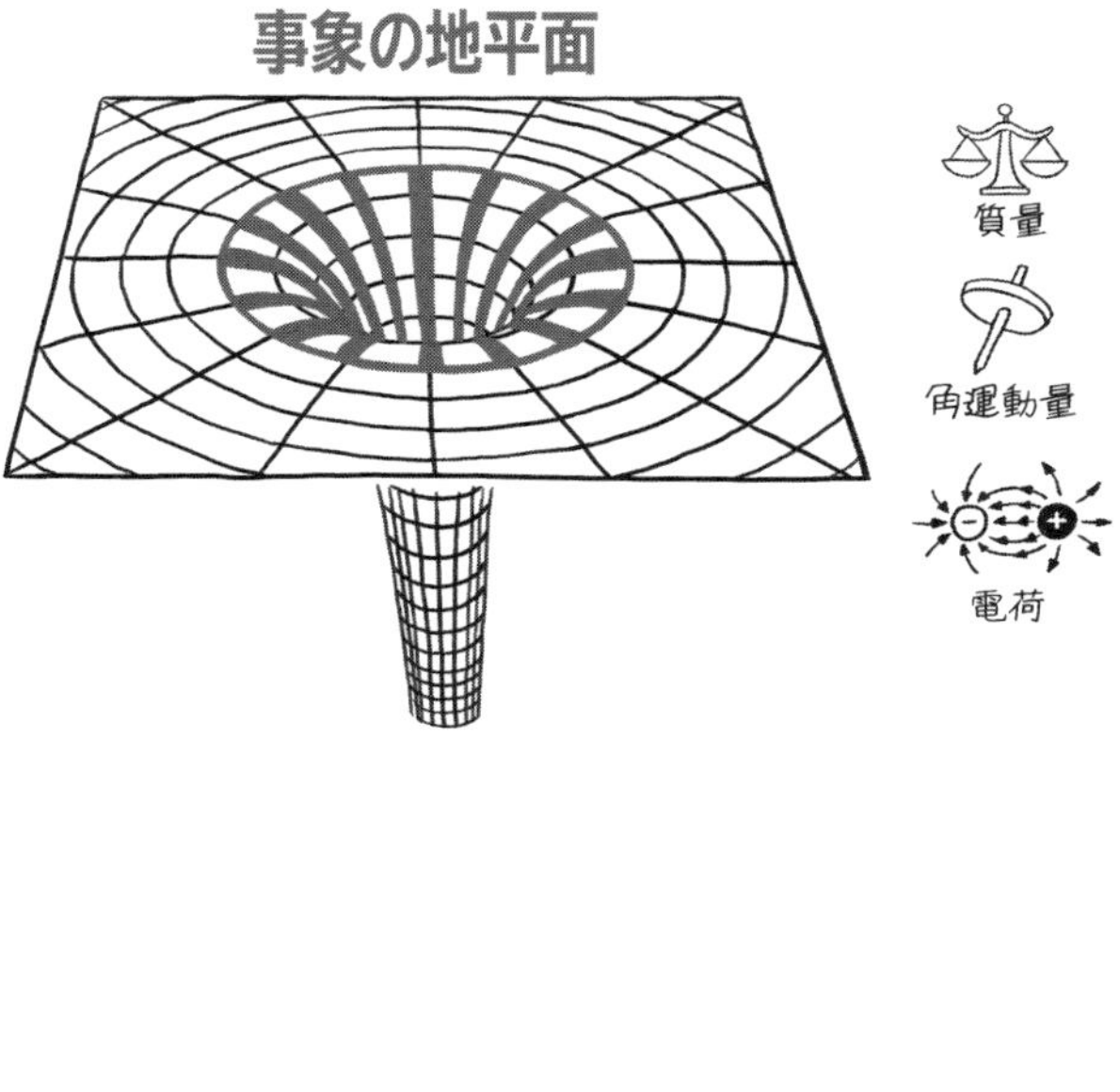
事象の地平面
質量
角運動量
電荷

ち、どんなものが崩壊した結果としても形成されうるわけです。実際、量子効果を度外視すれば、ブラックホールになりうる構造は無限にあります。なぜならブラックホールは、いろんな小さな質量を持った、多様な種類の大量の粒子の雲が崩壊することによっても生じるからです。しかし実際のところ、ブラックホールになりうる構造の数は、本当に無限なのでしょうか。ここに、量子効果が関わってきます。

量子力学の不確定性原理にしたがえば、ブラックホールは、そのブラックホール自体の波長よりも小さい波長を持った粒子にしか形成できないことになっています。つまり、ブラックホールになりうるものの波長の範囲は限られていて、無限ではないということです。

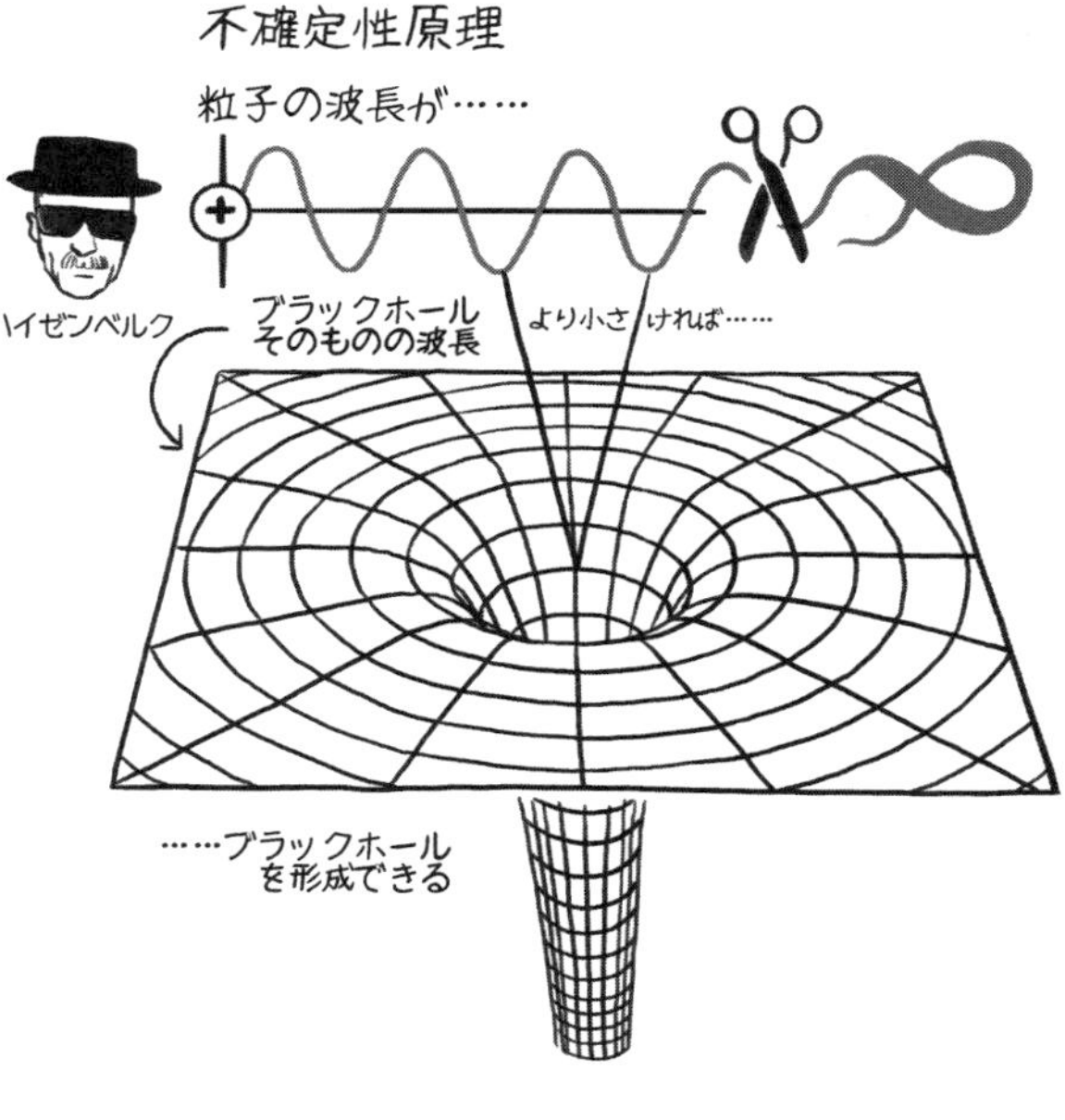
不確定性原理
粒子の波長が……
ハイゼンベルク
ブラックホールそのものの波長
より小さければ……
……ブラックホールを形成できる

注：不確定性原理は、ドイツの有名な物理学者ヴェルナー・ハイゼンベルクが一九二〇年代に考えついたもので、この原理によれば、最小の粒子の正確な位置は特定することも予測することもできないとされる。したがって、いわゆる量子スケールにおいては、アイザック・ニュートンによって記述された精密に整った宇宙とはまったく異なり、自然界につねにあいまいさが存在することになる。

したがって、ある任意の質量と角運動量と電荷を持ったブラックホールになりうる構造の数も、相当に大きいとはいえ、やはり有限ではないかと思われます。ヤコブ・ベッケンシュタインは、この有限の数からブラックホールのエントロピーを導き出せると提唱しました。これが、ブラックホールが生成される際の崩壊中に決定的に失われる情報の量を測る尺度になるというわけです。

ベッケンシュタインの提言には、一見すると致命的な欠陥がありました。それは、もしブラックホールに事象の地平面の表面積に比例する有限のエントロピーがあるとするなら、ブラックホールの温度も、ブラックホールの表面重力に比例した有限の温度でなくてはならないということです。そうだとすると、ブラックホールは熱放射に関して、絶対零度ではない温度で平衡《へいこう》状態にあることになります。しかし古典的な概念にしたがえば、そのような平衡状態はありえません。なぜならブラックホールは、そこに落ち込んでくる熱放射をすべて吸収してしまう一方、その代わりに何かを発するということはできないはずだからです。ブラックホールは何も発しません。もちろん熱も発せられないのです。

注：ブラックホールの内部では情報の喪失が起こると見られているが、もしそのように情報が失われているなら、いくらかのエネルギーの放出がなければならない。しかしそうなると、ブラックホールからは何物も脱出できないという理論に逆行してしまう。

これは矛盾です。この問題については、次回の講義であらためてお話しすることにしましょう。次回のテーマは、宇宙の予測可能性、および歴史の確実性についての最も基本的な原理に、ブラックホールがどう逆らうかということです。それを探ったうえで、もしあなたがブラックホールに本当に吸い込まれたらどうなるかを考えてみましょう。

注：スティーヴン・ホーキングがいざなう科学の旅はまだまだ続くが、ひとまず、ここまでの旅の経過をまとめておこう。まずは、星が崩壊することはありえないというアインシュタインの主張から始まって、ブラックホールの実在が認められていることを確認し、現在、この奇妙な天体がどのように存在し、機能している

かについての理論の衝突があるという状況まで進んできたところだ。

（二〇一六年一月二六日放送）

# 2

# ブラックホールは
# それほど真っ黒ではない

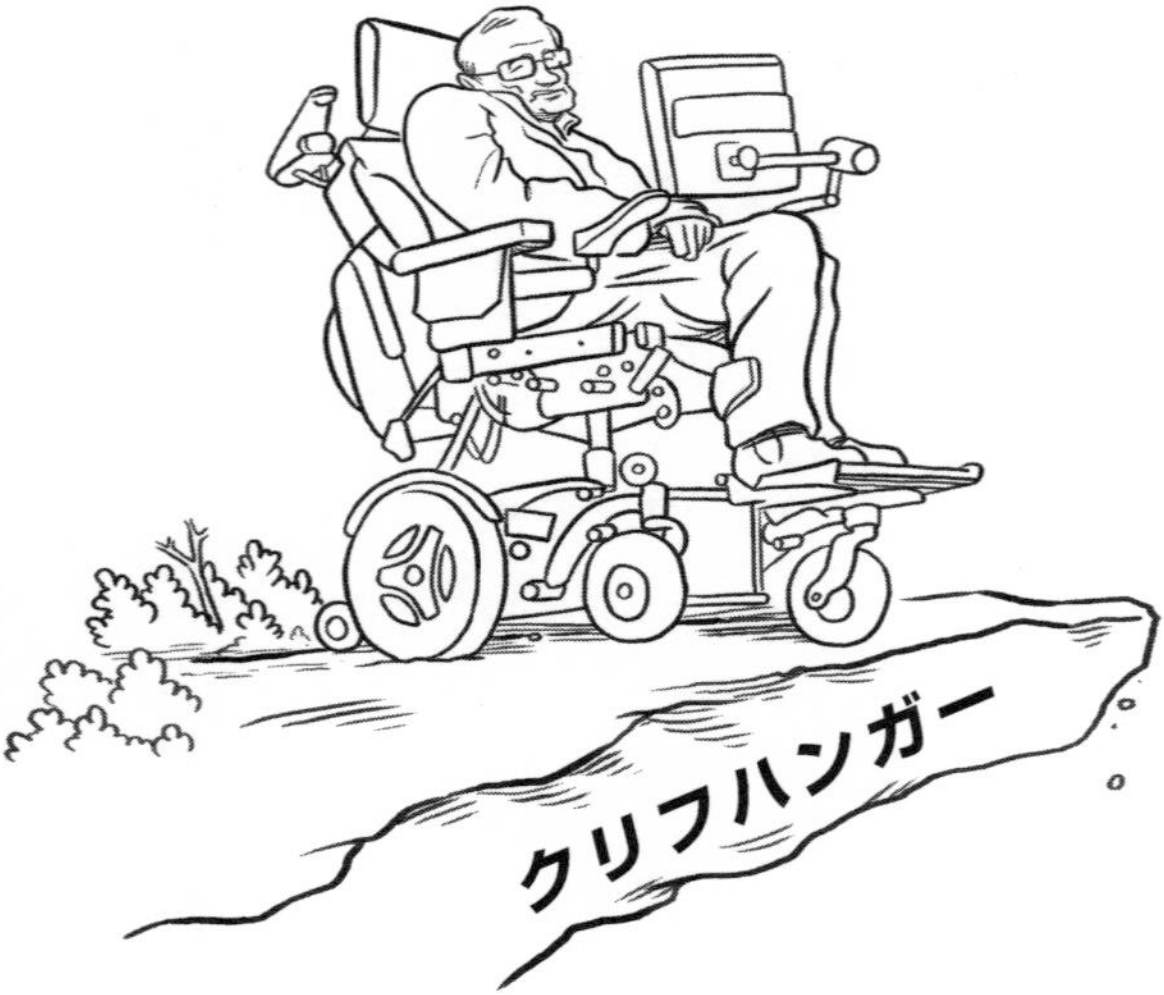
クリフハンガー

前回の講義を聞き終わって、みなさんはじつにじれったい、それこそ崖の突端にぶらさがったままの「クリフハンガー」のような状態になっていることと思います。ブラックホールという、星の崩壊によって生じる信じがたいほど高密度の天体の存在に、本質的な矛盾があるとはどうしたことでしょう。ある理論では、まったく同一の性質のブラックホールが数限りないさまざまな種類の星から形成されうると言われました。しかし別の理論では、ブラックホールになりうるものの数は有限であるとされました。これは情報の問題です。つまり、この宇宙のあらゆる粒子とあらゆる力には、イエスかノーかの質問に対する暗黙の答えが込められているという考え方に関わってくるわけです。

科学者のジョン・ホイーラーが言ったように、「ブラックホールには毛がない」ため、ブラックホールの内側に何があるのか、外側からはまったくわかりません。わかるのはブラックホールの質量と回転状態と電荷、ただそれだけです。つまりブラックホールには、外の世界から遮蔽《しゃへい》された大量の情報が詰まっているということです。このブラックホール内部に隠れている情報の量が、ブラックホールの大きさに依存しているなら、おそらくブラックホールは温度を持っていて、熱い金属片のように輝くだろうということが、一般原理から予想されます。しかし、それはありえないことでした。なぜなら周知のとおり、ブラックホールからはどんなものも脱出できない、と考えられていたからです。

この矛盾はしばらく解決されないまま、一九七四年の初めまで残っていました。そのころ私は、ブラックホールのすぐそばの物質がどういうふるまいをするかを、量子力学にもとづいて研究していました。

注：量子力学とは、とてつもなく小さなものを扱う科学で、最も微小な粒子のふるまいを説明しようとするものである。そうした微小な粒子は、たとえば惑星のような、もっとはるかに大きな物体を支配する運動法則、すなわちアイザック・ニュートンによって初めて整理された運動法則にはしたがわないのだ。きわめて大きなものを研究するために、きわめて小さなものを扱う科学を用いたことが、スティーヴン・ホーキングの画期的な功績のひとつだった。

すると私にとっても非常に意外だったことに、どうやらブラックホールは、一定のペースで粒子を放出しているようだったのです。当時はみんなそうでしたが、私もまた、ブラックホールからは何も放出されないという金言を当たり前のように受け止めていました。ですから、この困った効果をどうにかして取り除かねばなるまいと、たいへんな努力をしたものです。しかし私が考えても考えても、その効果は頑として消え去ってくれませんでしたので、とうとう私も受け入れざるをえなくなりました。最終的に私を説き伏せ、これは現実の物理効果なのだと確信させたのは、外に出ていく粒子の波長が、まさしく熱を示唆していたことでした。私の計算では、ブラックホールはあたかも通常の熱い物体のごとく、つまり、表面重力に比例し、質量に反比例する温度を持った物体のごとく、粒子と放射を生成し、放出することが予測されたのです。

注：この計算は、ブラックホールが必ずしも袋小路への一方通行路ではないことを初めて示したものだった。お察しのとおり、この理論によって導かれる放射が、現在「ホーキング放射」と呼ばれているものである。

これ以降、ブラックホールが熱放射を発していることを示す数学的証拠が、ほかの大勢の人々によって、多種多様なアプローチのもとで裏づけられてきました。ひとつの方法として、この放射は次のように理解することができます。量子力学の考え方では、この宇宙の空間全体は、仮想の粒子と反粒子のペアに埋め尽くされています。仮想の粒

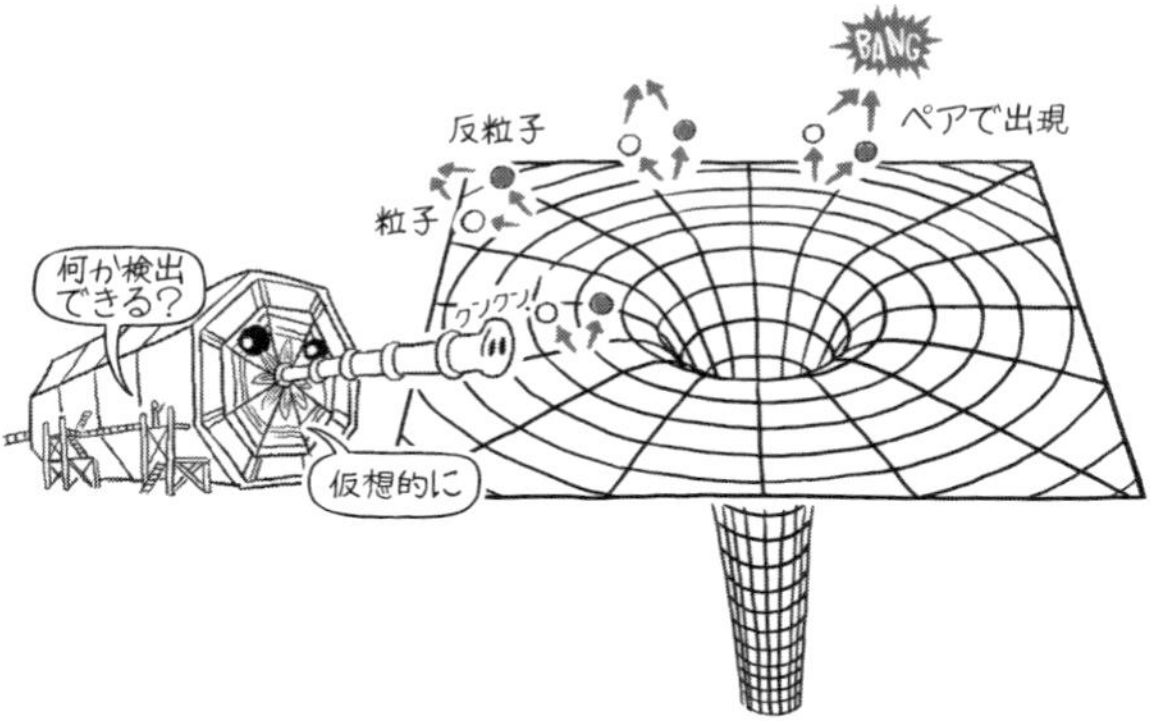
BANG
ペアで出現
反粒子
粒子
何か検出できる？
クンクン！
仮想的に

子と反粒子が絶えずペアで生まれてきて、分離しては、またくっついて消えていくという、対生成《ついせいせい》と対消滅《ついしょうめつ》のプロセスを繰り返しているのです。

注：この概念は、真空が決して完全な空っぽではないという考えの上に成り立っている。量子力学の不確定性原理にもとづけば、粒子が一瞬だけ出現して存在する可能性はつねにある。そしてその場合、粒子はつねにペアになっていなくてはならない。それぞれ反対の特徴を持った二個の粒子が一組になって、出現したり消滅したりするのである。

これらの粒子を仮想粒子といいます。なぜ「仮想」と呼ばれるかというと、実在する粒子と違って、粒子検出器で直接的に観測することができないからです。とはいえ、仮想粒子の間接的な効果なら測定することができますし、実際、これらの粒子が存在することは、「ラム・シフト」と呼ばれる現象によって裏づけられてもいます。ラム・シフトというのは、光スペクトルに現れる励起《れいき》した水素原子のエネルギー準位《じゅんい》に、仮想粒子が生じさせる小さなずれのことです。さて、ブラックホールがあるところで、こうした仮想粒子のペアの片方だけが穴に落ち込んだとしましょう。もう片方は、対消滅するのに必要な片割れを失ったまま、穴の外に取り残されてしまいました。この残された粒子か反粒子は、パートナーのあとを追って自分もブラックホールに落下するかもしれませんが、無限に脱出する可能性もあります。その場合、この粒子か反粒子は、ブラックホールから発せられた放射のように見えるでしょう。

注：ここで注意しておきたいのは、これら仮想粒子の生成や消滅が、通常はまったく気づかれないうちになされるということだ。しかし、この過程がブラックホールのすぐそばで起こったときには、ペアの片方だけが穴に引きずり込まれ、もう片方は残るということもありうる。その場合、引きずり込まれるのを免れた粒子は、あたかもブラックホールから「吐き出された」かのように見えるというわ

けだ。

太陽と同じぐらいの質量のブラックホールの場合、そこから粒子が漏れ出るペースは非常に遅いので、その過程を検出するのは不可能でしょう。しかし、それよりずっと「ミニ」サイズの、ひとつの山ぐらいの質量しか持たないブラックホールもありえます。そのような山ぐらいの大きさのブラックホールなら、およそ一〇〇〇万メガワットの勢いでエックス線やガンマ線を発することでしょう。全世界の電力供給をまかなうのに十分なパワーです。ただし、ミニ・ブラックホールはそう簡単に電力源として利用できるものではありません。これを発

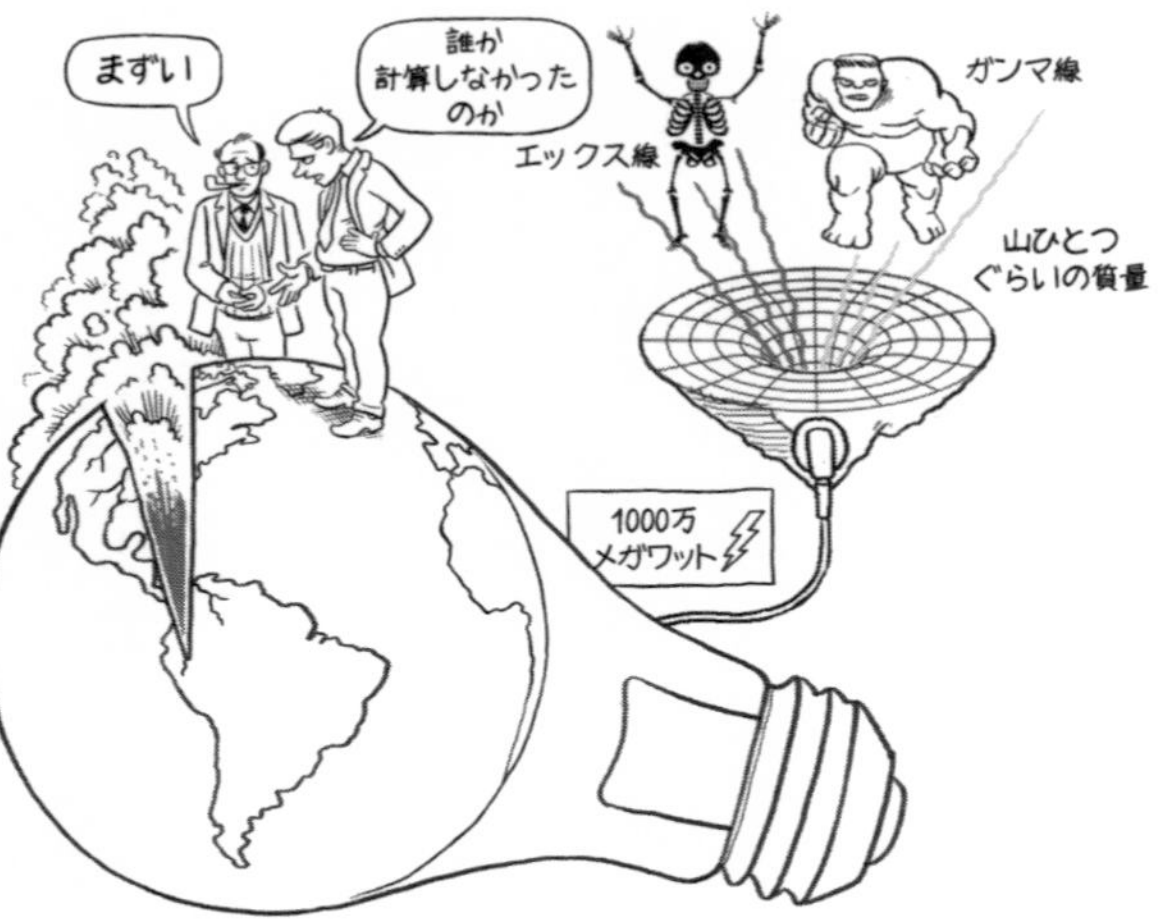
まずい
誰か
計算しなかったのか
エックス線
ガンマ線
山ひとつ
ぐらいの質量
1000万
メガワット

電所に置いておこうとしても無理な話です。床を突き抜けて、地球の中心部まで落ちていってしまうでしょうから。もし私たちがそのようなミニ・ブラックホールを持てたとしても、それを維持するには、地球のまわりをぐるぐると回らせておくぐらいしか方法がありません。

これまでにも、その程度の質量を持ったミニ・ブラックホールがずいぶんと探されてきましたが、いまのところ一個も見つかっていません。たいへん残念なことです。もし誰かが見つけてくれていたら、私はいまごろノーベル賞をもらっていたでしょうから！　しかし、もうひとつの可能性として、私たちは時空の余剰《よじょう》次元にマイクロ・ブラックホールを生み出すことができるかもしれません。

注：この「余剰次元」とは、私たちが日常的に慣れ親しんでいる三つの空間次元と、四つめの時間次元のほかに、さらにあるかもしれない次元のことを指す。このアイデアは、重力が電磁力などのほかの力に比べ、なぜこんなにも弱いかを説明しようとする試みの一環として出てきたものだ。ひょっとしたら、重力は別の平行次元でも働かされているから弱くなっているのではないかというわけである。

いくつかの理論によれば、私たちが接している宇宙は、一〇次元か一一次元の空間における四次元面でしかないとされています。映画『インターステラー』を見ると、これが具体的にどういうことかが多

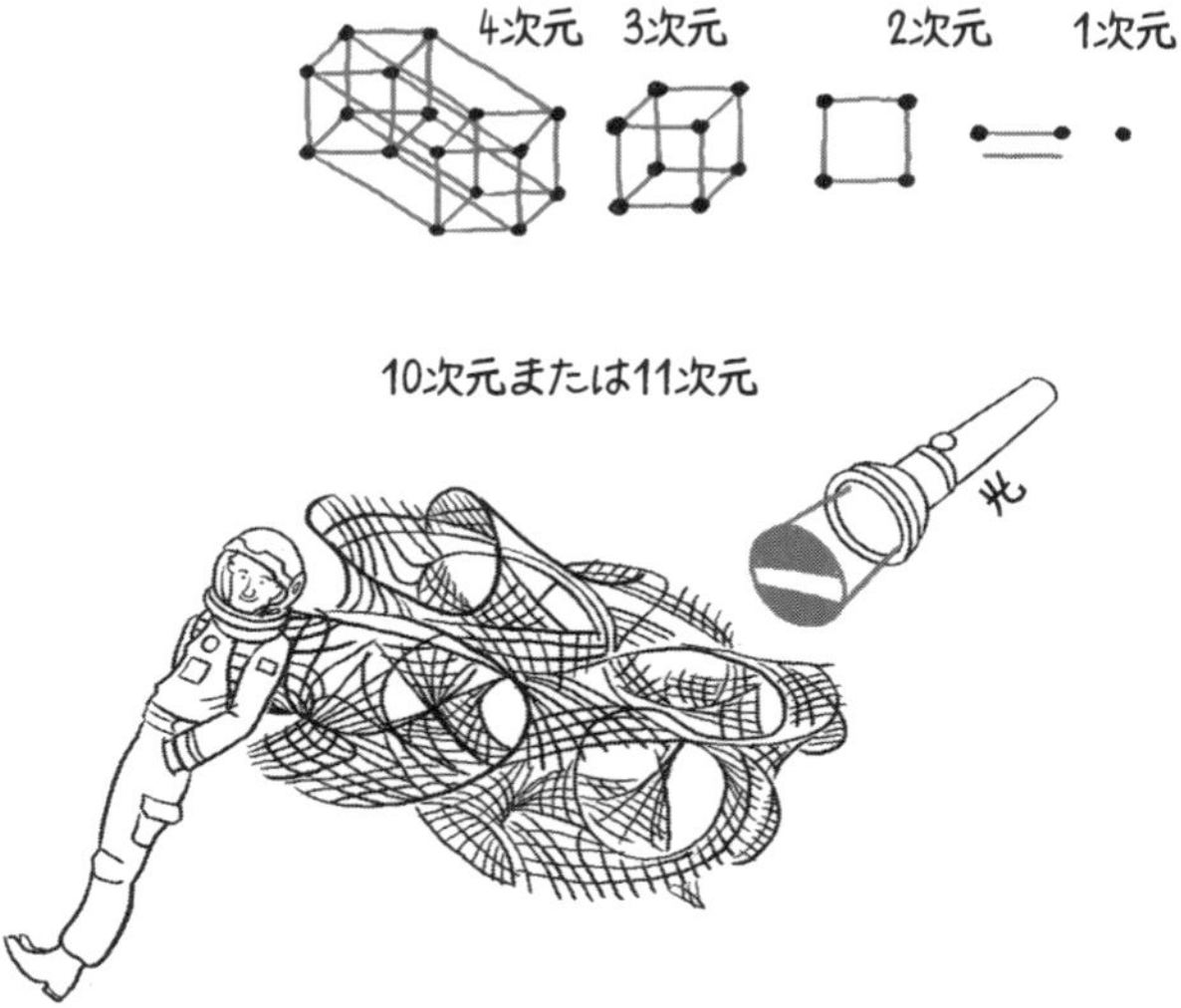
4次元
3次元
2次元
1次元
10次元または11次元
光

少わかるでしょう。こうした余剰次元を私たちが実際に見ることはありません。なぜなら光は余剰次元を伝わらないからです。光が伝わるのは、私たちの宇宙を形成している四つの次元だけです。しかし重力は、余剰次元に作用し、そこでは私たちの宇宙においてよりもずっと強くなると考えられます。したがって、余剰次元では小さなブラックホールがはるかに生じやすくなるでしょう。それをスイスにあるCERN（欧州原子核研究機構）の大型ハドロン衝突型加速器、略称LHCで観測することだって不可能ではないかもしれません。LHCは、全長二七キロメートルの環状トンネルになっています。このトンネルのなかで二本の粒子ビームを逆方向に走らせ、互いに衝突させます。

これを繰り返しているうちに、ある衝突で微小なブラックホールが生成されるかもしれません。もし生成されれば、独特のパターンで粒子を放射するので、すぐにそれとわかります。私のノーベル賞はやっぱり消えていないかもしれません！

注：ノーベル物理学賞は、ある理論が「時の試練」を経たとき、つまり実際的に言えば、確固たる証拠によって裏づけられたときに授与される。たとえばピーター・ヒッグスは、もうずいぶん前の一九六〇年代に、ほかの粒子に質量を与える粒子の存在を提唱した科学者のひとりだった。それから五〇年近く経ったのち、LHCの二つの異なる検出器が、いまや「ヒッグス・ボソン」と呼ばれるように

なっている粒子の痕跡を確認した。それは科学と工学技術の勝利であり、独創的な理論と、苦労の末につかんだ証拠が大きな実を結んだのだった。そして結果として、ピーター・ヒッグスと、ベルギー人科学者のフランソワ・アングレールが、晴れてノーベル賞を共同受賞した。ホーキング放射に関しては、いまだ物理的証拠が見つかっておらず、検出はまず無理ではないかと言う科学者もいる。とはいえ、ブラックホールがかつてなく詳細に調べられている現状からすると、いつかはこれが本当に裏づけられる日も来るかもしれない。

ブラックホールから粒子が抜け出るとともに、そのブラックホールは質量を失い、縮んでいきます。それにより、粒子の放出ペースが速まります。最終的に、このブラックホールは質量をすべて失って、消滅するでしょう。そのとき、すべての粒子と、ブラックホールに落ち込んだ不運な宇宙飛行士の身には、何が起こるでしょうか。ブラックホールが消失するときに、それらがふたたび表に出てくることはできません。ブラックホールに落ち込んだものの情報はすべて失われ、わかることはブラックホール全体の質量と角運動量と電荷しかないと見られています。しかし、もし本当に情報が失われているのだとすれば、私たちの科学の理解の根幹を揺るがす深刻な問題が生じることになります。

二〇〇年以上ものあいだ、私たちは科学的決定論を信じてきました。

科学的決定論とは、科学法則が宇宙の進化を定めるのだという考え方です。この原理を構築したのがピエール＝シモン・ラプラスで、あるいっときの宇宙の状態がわかれば、宇宙の未来と過去はすべて科学法則によって決定されるとラプラスは言いました。それなら神はどういう立場になるのだ、とナポレオンはラプラスに尋ねたと言われています。これに対してラプラスは、こう答えたそうです。「陛下、私はそのような仮定が必要だとは考えたこともありません」。おそらく、ラプラスは神が存在しないと言いたかったわけではないでしょう。単に、神が科学法則を破るために介入することはないという意味だったと思います。科学者なら誰でもこの立場をとるに決まっています。介入しないから勝手にどうぞ、と超自然的な存在が決めたときにだけ成り立つような科学法則なら、それは科学法則ではありません。

ラプラスの決定論においては、未来を予測するために、あるいっときの全粒子の位置と速度を知る必要があります。しかし同時に、私たちは不確定性原理も考慮に入れなくてはなりません。ヴェルナー・ハイゼンベルクが一九二七年にはっきりと示してみせた不確定性原理は、いまや量子力学の核心に据えられています。

この原理によれば、粒子の位置を正確に知れば知るほど、その粒子の速度は正確にはわからなくなります。そして、逆もまた同じです。言い換えれば、粒子の位置と速度を同時に正確に知ることはできないわけです。それなら、どうやって未来が予測できるでしょうか。答えを言うと、位置と速度を別々に予測することはできないが、「量子状態」と呼ばれるものを予測することはできる、ということになります。この「量子状態」から、位置と速度の両方をある程度まで正確に計算できるのです。したがって、ある意味では、宇宙はやはり決定論的なものであると見なせそうです。あるいっときの宇宙の量子状態がわかっていれば、あとは科学法則によって、いついかなるときの宇宙も予測できるはずだからです。

注：事象の地平面で何が起こるかについての説明として始まった話は、しだいに

深くなり、科学における最も重要な哲学的テーマのいくつか——ニュートンの時計じかけの世界に始まり、ラプラスの法則を経て、ハイゼンベルクの不確定性原理にいたるまで——を説明したうえで、とうとう、それらがブラックホールの謎と相対《あいたい》するところまで進んできた。かいつまんで言うと、ブラックホールの内側に入った情報は、アインシュタインの一般相対性理論によれば破壊されるが、量子力学によれば破壊されることがありえないのである。

もしもブラックホールの内部で情報が失われるなら、私たちは未来を予測することができなくなります。なぜならその場合、ブラックホールはどんな粒子の集まりでも放出できることになってしまうからです。きちんと画像が映るテレビ受像機だって放出できるし、革張りのシェイクスピア全集だって放出できるでしょう。もちろん、そうした変わったものが放り出される可能性はきわめて低くはあるでしょうが。ブラックホールから何が出てくるかが予測できなくたって、いっこうにかまわないじゃないか、と思う人もいるかもしれません。私たちのすぐそばにブラックホールがあるわけではないのですから。しかし、これは原理の問題です。もしもブラックホールに関して決定論が破綻《はたん》する、つまり、宇宙の予測可能性が覆《くつがえ》されるとなれば、ほかの状況においても覆されてしまうかもしれません。そしてもっとまずいことに、もしも決定論が破綻すれば、私たちは、自らの過去の歴史につい

可能性は
どのぐらい!?
とても低い
COMPLETE WORKS
WILLIAM SHAKESPEARE
どんな粒子の
集まりでも
放出される
?
喪失

ても確信が持てなくなります。歴史の本も、自分の記憶も、ひょっとしたらただの幻想かもしれない、ということになってしまいます。私たちに自分が誰であるかを教えてくれるのは過去であり、その過去がなかったら、私たちのアイデンティティは失われてしまうでしょう。

ですから、ブラックホールの内部で情報が本当に失われてしまうのか、あるいは情報の復元が原理的に可能なのかどうかを確定するのは、とても重要なことです。多くの科学者は、情報は失われないのではないかと感じていましたが、情報が保存されうるメカニズムを提唱できた人は誰もいませんでした。議論は何年も続きました。そしてとうとう、これぞ答えだと思えるものを私は見つけました。それはリチャード・ファインマンの考えを前提にしたもので、彼の考えによれば、歴史はただ一つあるのではなく、多くの異なる歴史がそれぞれ独自の確率をもって存在する可能性があります。その場合、二種類の歴史があると考えられます。一方の歴史では、ブラックホールがあって、そこに粒子が落ち込んでいきます。そしてもう一方の歴史では、ブラックホールが存在していません。

ここで重要なのは、そこにブラックホールがあるのかないのか、外側から見ているかぎり、誰も確実にはわからないということです。したがって、そこにブラックホールがない可能性はつねにあります。この可能性は、情報を保存するという点は満たしますが、その情報はあまり有益なかたちでは戻ってきません。これは百科事典を燃やすようなものです。煙と灰をすべてとっておけば情報は失われないことになりますが、読むのは困難でしょう。私は科学者のキップ・ソーンとともに、ブラックホールの内部で情報が失われるかどうかについて、もうひとりの科学者のジョン・プレスキルと賭けをしました。情報が保存されうる仕組みを自分で発見した時点で、私は負けを認め、ジョン・プレスキルに百科事典を贈りました。むしろ彼には灰を贈ってやればよかったかもしれません。

注：理論上でも、また、純粋に決定論的な宇宙観でも、百科事典をいったん燃や

して、それから復元することは可能である。ただしそれには、インクと紙のすべての分子を構成しているすべての原子の特徴と位置を知っていて、それらの動きをつねに把握していかなければならないが。

私は現在、ケンブリッジ大学の同僚のマルコム・ペリーと、ハーバード大学のアンドルー・ストロミンジャーとともに、「スーパートランスレーション」という数学的アイデアにもとづいた新しい理論を研究しています。その目的は、ブラックホールから情報が戻ってくるメカニズムを説明することです。私たちの理論にしたがえば、情報はブラックホールの地平面でコード化されます。どうぞこの空間にご注目ください！

注：このリース講義が録音されてから、ホーキング教授らは論文を発表して、情報が事象の地平面で記憶されるという考えを数学的に示した。この理論は、スーパートランスレーションという過程において情報が二次元ホログラムに変換されると仮定するものだ。「ブラックホールの柔らかい毛」と題された論文は──巻末に載せられている要録のとおり──この分野の難解な言語と、それを科学者が説明しようとするときのたいへんさを、まざまざと感じさせてくれる。

もしそうだとすると、ブラックホールに落ち込んだあと、そこから別の宇宙に出てくるなんてこともありうるでしょうか。ブラックホールがあるのとないのと、別の歴史が存在するなら、それはありうるかもしれません。その穴はよほど大きくなくてはなりませんが、もしそれが回転していれば、そこに別の宇宙に通じる経路があるかもしれません。ただしいったん入ったら、もう私たちの宇宙には戻れないでしょう。ですから私は宇宙飛行には大いに興味がありますが、これを試してみたいとは思いません。

注：ブラックホールが回転している場合、その中心部は、無限に高密度の一点という意味での特異点でできているのではないかもしれず、代わりに、そこにリン

グ状の特異点があるかもしれない。これをつきつめると、ただブラックホールに落ち込むだけでなく、そのブラックホールを通過してしまう可能性が考えられるようになる。それはすなわち、私たちが知っているような宇宙を離れるということだ。この説を、スティーヴン・ホーキングはこんな魅惑的な考えで締めている
——その反対側に何かがあるのかもしれない、と。

というわけで、今回ぜひともお伝えしておきたいのは、ブラックホールがそれほど真っ黒ではない、ということです。ブラックホールは、かつて想像されていたような永遠の牢獄ではありません。そこから抜け出るのは可能であり、この宇宙に戻ってくることも、ひょっとした

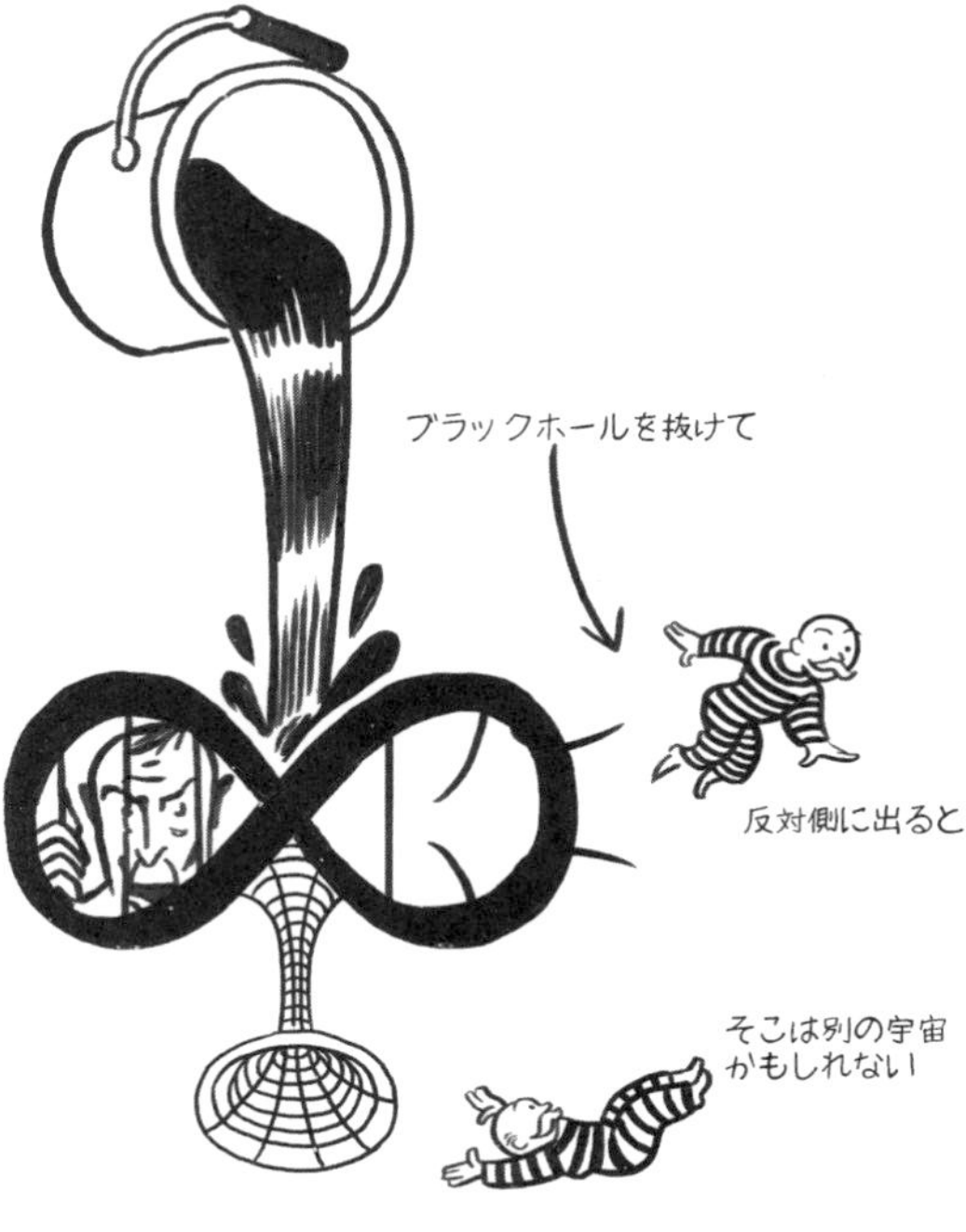
ブラックホールを抜けて
反対側に出ると
そこは別の宇宙
かもしれない

ら別の宇宙に行き着くこともありえるかもしれません。ですから、もしあなたがブラックホールに落ちたとしても、どうぞあきらめないでください。そこにはきっと出口がありますから！

（二〇一六年二月二日放送）

# ブラックホールの柔らかい毛

スティーヴン・W・ホーキング、
マルコム・J・ペリー、アンドルー・ストロミンジャー

## 論文要録

先般、明らかにされたとおり、漸近的《ぜんきん》ミンコフスキー時空では、BMSスーパートランスレーション対称性《たいしょうせい》によって必然的にあらゆる重

力理論で無限個の保存則が成り立つ。これらの保存則から、ブラックホールは大量の柔らかい（すなわちエネルギーがゼロの）超並進的な毛を持っていると考えられる。マクスウェル場《ば》の存在も同様に、柔らかい電気的な毛を示唆する。この論文は、ブラックホールの地平面上の柔らかいグラビトンや光子の観点から柔らかい毛についての明確な記述を示すものであり、それらの量子状態についての完全な情報が未来の地平面の境界においてホログラフィープレートに記憶されることを明らかにする。電荷保存は、柔らかい毛が異なる以外はすべて同一のブラックホールの蒸発生成物に無数の厳密な関係を与えるのに使われる。さらに論文では、プランク長さよりずっと短い距離に空間的に局所化されている柔らかい毛が、物理的に実現可能なプロセスで励起されることはありえず、したがって柔らかい自由度にはプランク単位で地平面表面積に比例した有効数がある、ということについても論じる。

arXiv: 1601.00921v1 [hep-th] 5 Jan 2016

# 監修者あとがき

この本は序文にあるように二〇一六年に放送された歴史あるＢＢＣシリーズレクチャーでホーキングが二回にわたって話した講義録である。ＢＢＣ科学ニュースの編集者であるＤ・シュックマンが講義の要所要所に読者の目線での解説を付しており、本来、むつかしい内容を親しみを持って読めるようにしている。

ホーキングは言うまでもなく、車いすに乗った天才とも呼ばれ、物理学者としては世界でもっとも高名なかたであった。彼の研究は私と大きく重なり合う分野だったので、三〇年を越えてお付き合いさせていただいた。彼は宇宙物理学の面白さを広く伝えることのできる、稀有の才能を持った科学者だった。科学者が国際会議を開くとき、合わせて特別に市民向けの講演会を開くことが多い。私が東京で開催した国際会議にも何度かお呼びしたが、必ず市民向けの講演会をお願いした。ちょっと皮肉も混ぜ合わせた英国風ジョークに聴衆者はほほえみ、講演を楽しんでいた。

この本でも、ブラックホールの無毛定理を説明するのにちょっとエッチでユーモラスな絵（三三ページ）を用いたり、本来むつかしい内容を楽しみながら読める工夫がされている。

この本は、短くはあるけれど彼の傑出したブラックホールの研究成果やその物理学を深く学ぶことのできる本であり、主題は「ブラックホールのインフォメーション・パラドックス」と言われている問題である。物理学者は、この宇宙で起こるすべての出来事、森羅万象は厳密に因果律にしたがって生じ、宇宙は時間的に進化していると信じている。ある時刻の物質や時空の情報がわかれば物理法則にしたがって未来も必ず予言できる。もっとも、現代物理学の量子論では厳密には確率的な予言しかできないが、しかしその確率は前の状態さえわかっているなら物理法則で予言できるのである。正確に言えば、ある時刻の量子状態がわかっていれば、のちの時刻の量子状態は量子論にしたがって決まるのである。しかし、何でも吸い込むが二度と出てこられないというブラックホールがあると情報は消えてしまう。ブラックホールは、質量、角運動量《かくうんどうりょう》そして電荷という三つの物理量しか持たない。この「ブラックホールは三本の毛のみを持つ」という定理はこの分野では「無毛定理」と呼ばれている。吸い込まれた物質は、この三つの物理量以外にも、多くの情報を持っているが、それらはすべて消えてしまうことになる。これでは因果の連鎖で宇宙は進化するという従来の物理学の信念が破綻《はたん》することになる。もっとも、これは量子論の原理的な問題で実際のマクロな世界ではいくらでも情報の喪失は起こっており、こう言われてもピンとこないというかたのほうが多いのではないかと思われる。しかし、この問題は理論物理学者にとっては深刻な問題なのである。二〇一六年、ホーキングはケンブリッジ大学の同僚、ペリーとハーバード大学のストロミンジャーと論文を書き、インフォメーション・パラドックスを解決する大きな一歩を踏み出したように思われる。それは、ブラックホールは三本の毛だけではなく無数の「柔らかい毛」を持っているのではないかという仮説である。八九ページに示されているものがこの論文の要旨である。私自身も十分理解できたとは言えないが、遠方で普通の平坦な空間に近づくような空間（ブラックホールの遠方の空間もそうである）ではスーパートランスレーション（超並進対称性《ちょうへいしんたいしょうせい》）という時空の対称性が現れる。この対称性のおかげでブラックホールは無数の情報を担うことのできる、柔らかい毛（エネルギーゼロの量子状態）を持っているという主張である。ブラックホールに吸い込まれた物質のあらゆる情報は、この柔らかい毛として蓄えられるのであり、実は情報の喪失はないというのである。ホーキングは一九七四年、彼の最大業績であるブラックホールの蒸発理論を出したが、この仮説もブラックホールの量子論によるものである。ブラックホールが蒸発してしまうなら、跡形もなく平坦な空間に戻るが、この仮説では無数の柔らかい毛も蒸発により宇宙空間に放出される。柔らかい毛に蓄えられていた情報は、たとえば遠方の二つの時計の時間差が生じさせるなどして、遠方の時空に記憶されることになる。したがって宇宙で情報の喪失はなくインフォメーション・パラドックスは解かれたことになる。たいへん壮大なシナリオではあるが、どのようなメカニズムで吸い込んだ物質の情報が柔らかい毛に書き込まれるのか、そもそも柔らかい毛は実在するのか、今後、さらに研究を深める必要があろう。

ホーキングは「ブラックホールの蒸発理論」や「ブラックホールの柔毛仮説」以外にも「時間順序保護仮説」や「宇宙創生の無境界仮説」などを提唱している。前者は過去に戻るようなタイムマシンは量子論が許さないという理論である。一般相対性理論だけに基づく理論ではタイムマシンができてしまうが、これでは過去に戻って自分の親を殺《あや》めてしまったらどうなるのかという親殺しのパラドックスが生じてしまう。この仮説も宇宙が因果の連鎖で整合性があるように進化するために提唱した仮説である。後者は、従来のビッグバン理論では宇宙は物理学の破綻する特異点から始まることになるが、量子論的に考えれば特異点という時空の境界なしで宇宙は生まれるはずだという仮説である。

最近、ブラックホールの観測に関する研究が大きく進歩している。二〇一五年、LIGOチームは、アインシュタインの予言した重力波を初めて検出した。その重力波は二つのブラックホールが合体したときに放出されるものだった。この業績によりチームのリーダー三人がノーベル賞を受賞した。また、二〇一九年には、地球上の八つの電波望遠鏡を結合させた国際協力プロジェクト、イベント・ホライズン・テレスコープは、銀河M87の中心にある巨大ブラックホールの影を撮影することに成功した。ブラックホールの観測的研究は大きく進みはじめた。

科学の研究において、理論的研究は最終的には観測や実験によって証明されなければ価値はない。また科学哲学の分野で高名なカール・ポッパーが言うように、優れた理論は、原理的に反証可能性を含むものでなければならない。つまり理論が誤りであることを実験や観測で示す手段を含むものでなければならない。ブラックホールの蒸発理論については、加速器実験でブラックホールが作られ蒸発が観測されれば実証されることになる理論であり、本人も「私のノーベル賞はやっぱり消えていないかもしれません！」と本書で語っている。残念ながらその前に亡くなられてしまった。彼の提唱した他の仮説はいずれも、当面は実験的にも観測的にも実証は困難だ。しかし、物理学の論理を尽くし、その結果として生まれた理論は、人類の知の結晶である。

ホーキングが亡くなられて一週間たったころ、葬儀の案内がご家族から届いた。残念ながら都合をつけることができず、ケンブリッジの友人たちにご家族への伝言を託すだけとなってしまった。葬儀の招待状にホーキングの辞世の言葉であろうか、つぎの文が書かれていた。

*"My goal is simple. It is a complete understanding of the universe"*

私たち理論物理学者が共有しているゴールである。いま世界中の研究者がホーキングの理論をさらに深化、発展させることにチャレンジしている。彼の魂の冥福を祈るとともに彼が切り開いたこの分野が大きく進展することを期待したい。

二〇二〇年三月

# 付録

スティーヴン・ホーキングは、アインシュタイン以来の最も優秀な理論物理学者の一人と言われる。

一九六三年、ケンブリッジ大学の大学院生だった二一歳のときに、運動ニューロン疾患を発症し、余命二年と告げられる。しかし、その宣告を覆して優秀な研究者となり、ケンブリッジ大学ゴンヴィル・アンド・キーズ

・カレッジのプロフェッソリアル・フェローに任じられたのち、かのアイザック・ニュートンも一六六三年に就任した数学ならびに理論物理学の名誉あるポスト、ルーカス教授職を三〇年にわたって務めた。この講演が行われた二〇一六年当時は、ケンブリッジ大学の理論宇宙論センターに研究責任者として在籍。十数個の名誉学位を持ち、一九八九年には名誉勲位を授けられた。王立協会フェローであり、全米科学アカデミー会員でもあった。

代表的な著作は、全世界でベストセラーとなった『ホーキング、宇宙を語る』（原題：*A Brief History of Time*）。このほかにも一般読者向けの著作として、エッセイ集の *Black Holes and Baby Universes and Other*

*Essays*（未訳）、『ホーキング、未来を語る』（原題：*The Universe in a Nutshell*）、『ホーキング、宇宙と人間を語る』（原題：*The Grand Design*）などがある。

＊

デイヴィッド・シュックマンは、ＢＢＣニュースのサイエンスエディターで、二〇〇三年から科学と環境の問題について報道している。二〇一一年のアメリカの最後のスペースシャトル打ち上げやＬＨＣでの科学的発見など、幅広く担当。夜一〇時のＢＢＣニュースのレギュラー寄稿者でもあり、著書を三冊発表している。

＊

## スティーヴン・ホーキングの本をもっと読みたくなった方へ

『ホーキング、宇宙を語る』

世界的に賞賛されたホーキング教授の代表作。まずはニュートンからアインシュタインまでの重要な宇宙理論をざっと説明したあと、いよいよビッグバンからブラックホールまで、渦巻銀河や弦理論などの話題も取り混ぜながら、時間と空間の根幹にある秘密を探求する。初版刊行は一九八八年だが、現在でも一般向け科学書の代表的な一冊であり、その明瞭簡潔な語り口は、いまなお無数の読者を宇宙の驚異へといざなっている。（林一訳、ハヤカワ・ノンフィクション文庫）

### *Black Holes and Baby Universes and Other Essays*

ホーキング初の短文集。テーマは微笑ましい個人的なものから切れのいい科学的なものまで多岐にわたり、それらのひとつひとつから、科学者として、人間として、意識の高い世界市民として、そして――いつものように――厳正かつ想像力豊かな思索者としてのスティーヴン・ホーキングが見えてくる。保育園での最初の経験を思い出しているときも、科学は科学者だけが理解できる、科学者だけのものだと考えている一部の科学者の傲慢さをやりこめているときも、宇宙の起源や未来を探索しているときも、はたまた処女作への大反響を振り返っているときも、つねにスティーヴン・ホーキングの文章には、さすが当代随一の話者とうならせるウィットと明晰さと率直さが備わっている。

# 『ホーキング、未来を語る』

「事実は小説よりも奇なり」を地で行くような理論物理学の最先端へといざなってくれる、図解たっぷりの本。ここでは『ホーキング、宇宙を語る』出版後の一〇年間に起こった主要な進展をテーマとし、たとえば超重力から超対称性まで、量子論からM理論まで、ホログラフィーから双対性まで、さまざまな宇宙の秘密の解明に挑んでいく。この非常にエキサイティングな知的冒険において、ホーキングは「アインシュタインの一般相対性理論とリチャード・ファインマンの経歴総和法というアイデアを結びつ

け、宇宙で起こるすべてのことを記述する一個の完全な統一理論にまとめること」を目指している。（佐藤勝彦訳、ＳＢ文庫）

## 『ホーキング、宇宙と人間を語る』（レナード・ムロディナウとの共著）

宇宙はいつ、どのようにして始まったのか。なぜ私たちはここにいるのか。私たちの宇宙が「壮大なデザイン」の結果のように見えるのは、すべてを始動させた情け深い創造主がいることの証拠なのか。それとも科学がこれに別の説明を与えてくれるのか。この最新作は、アメリカの物理学者で作家のレナード・ムロディナウを共著者として、宇宙の謎についての最新の科学的知見を秀逸かつ平易な筆致で紹介してくれる。モデル依存リアリズム、マルチバース、トップダウン式宇宙論、統一M理論――これらすべてが、ふんだんな図解とともに簡潔に説明される。読み進めていくうちに、これまでの理解を一変させ、身に染み込んでいる信念体系の一部さえ揺るがすような、驚異的な発見に出会えることだろう。（佐藤勝彦訳、エクスナレッジ）

（訳注：引き続き『ホーキング、最後に語る――多宇宙をめぐる博士のメッセージ』〈早川書房、二〇一八年〉、『ビッグ・クエスチョン〈人類の疑問〉に答えよ

う』（NHK出版、二〇一九年）が刊行されている）

## ◎監修者紹介

**佐藤勝彦**　さとう・かつひこ

一九四五年生。京都大学大学院理学研究科物理学専攻博士課程修了。理学博士。東京大学名誉教授。現在、日本学術振興会学術システム研究センター所長、日本学士院会員。専攻は宇宙論・宇宙物理学で、一九八〇年代の初めにインフレーション理論をアラン・グースと独立に提唱したことなどで世界的に著名。二〇〇二年に紫綬褒章を受章。二〇一〇年に日本学士院賞を受賞。

二〇一四年には文化功労者として顕彰された。著書に『インフレーション宇宙論』『宇宙137億年の歴史』『眠れなくなる宇宙のはなし』ほか多数。

## ◎訳者略歴

**塩原通緒　しおばら・みちお**

翻訳家。立教大学文学部英米文学科卒業。訳書にリーバーマン『人体600万年史』、ボール『流れ』、スピーロ『ポアンカレ予想』（共訳）、ガルファール『138億年宇宙の旅』（以上早川書房刊）、ランドール『ダークマターと恐竜絶滅』『ワープする宇宙』、ピンカー『暴力の人類史』、シュミル『エネルギーの人類史』（共訳）ほか多数。

本書は二〇一七年六月に早川書房より単行本として刊行された作品を文庫化したものです。

# ホーキング、宇宙を語る
## ——ビッグバンからブラックホールまで

スティーヴン・W・ホーキング
A Brief History of Time
林 一訳
ハヤカワ文庫NF

**現代の神話の語り部による世界的ベストセラー**

宇宙はいかに生まれ、どんな構造をもっているか。この根源的な問いに挑む「アインシュタインの再来」にして、難病と闘いながら遥かな時空へ思考をはせる車椅子の天才ホーキング。宇宙の神秘さえ解き明かす人間理性の営為に世界が驚嘆した、現代最高の宇宙論。解説／池内了

# グッド・フライト、グッド・ナイト
## ——パイロットが誘《いざな》う最高の空旅

Skyfaring
マーク・ヴァンホーナッカー
岡本由香子訳
ハヤカワ文庫ＮＦ

高度三万フィートから見下ろす絶景、精密、かつダイナミックなジェット機の神秘、空を愛する同僚たちとの邂逅……雲の上は、信じられないほど感動に満ちている。ボーイング７４７の現役パイロットが空と飛行機について語る。多くのメディアで年間ベストブックに選ばれた極上のエッセイ。

解説／眞鍋かをり

〈数理を愉しむ〉シリーズ

# 「無限」に魅入られた天才数学者たち

The Mystery of the Aleph

アミール・D・アクゼル

青木 薫訳

ハヤカワ文庫NF

数学につきもののように思える無限を実在の「モノ」として扱ったのは、実は一九世紀のG・カントールが初めてだった。彼はそのために異端のレッテルを貼られ、無限に関する超難問を考え詰め精神を病んでしまう……常識が通用しない無限のミステリアスな性質と、それに果敢に挑んだ数学者群像を描く傑作科学解説